Monika Twachtmann

Tischlaternen

[redacted]

Frech-Verlag Stuttgart

Auflage: 5. 4. 3. | Letzte Zahlen
Jahr: 1995 94 93 | maßgebend

frech-verlag
GmbH + Co. Druck KG Stuttgart · Druck: Frech, Stuttgart 31

ISBN 3-7724-1428-1 · Best.-Nr. 1428

Wer zündet nicht gern eine Kerze an, um eine gemütliche Atmosphäre zu schaffen, wenn man mit netten Leuten gemeinsam an einem Tisch sitzt, mit der Familie beisammen ist oder auch nur für sich selbst.

Doch es gibt noch eine weitere Möglichkeit, das sanfte Licht der Kerze zu nutzen; indem man sie in oder hinter eine bunte Tischlaterne stellt. Der Schein der Kerze läßt die Farben des transparenten Seidenpapieres leuchten und fasziniert jeden.

In meinem Buch finden Sie Vorschläge für viele Gelegenheiten, und ich hoffe, daß für jeden etwas dabei ist.

Versuchen Sie auch mal, ein Motiv als Dekoration zu kombinieren: Tischlaterne und Fensterbild. Dies ist bei den meisten meiner Entwürfe möglich.

Gemütliche Stunden wünscht Ihnen

Monika Twachtmann

Herstellung

Material
Tonpapier
Seidenpapier
Architektenpapier

Werkzeuge
Bastelmesser
Schere, klein und spitz
Lochzange

Hilfsmittel
Klebstoff
Bleistift
Lineal
Transparentpapier (Butterbrotpapier)
Unterlage (dicker Karton)

Arbeitsschritte

1. Schablone herstellen
Da bei den meisten Tischlaternen das Motiv viermal benötigt wird, ist es ratsam, eine Schablone herzustellen. Sie erleichtert den Arbeitsvorgang und steht jederzeit für einen neuen Gebrauch zur Verfügung.
Zuerst übertragen Sie das Motiv vom Vorlagenbogen auf ein Transparentpapier. Dafür eignet sich Butterbrotpapier hervorragend. Die fertige Kopie heften Sie mittels eines Tackers auf ein Stück Tonkarton und schneiden das Motiv mit einem scharfen Messer oder einer Schere sorgfältig aus.

2. Laterne ausschneiden
Bevor Sie weiterarbeiten, vergessen Sie bitte nicht, am Anfang der Laterne einen ca. 1 cm breiten Klebefalz stehen zu lassen. Hinter diesem Rand nun die fertige Schablone auf den Karton legen, und die Konturen des Motives so oft übertragen wie es nötig ist. Jetzt kann die zusammenhängende Arbeit ausgeschnitten werden. Dafür verwenden Sie wieder, wie schon bei der Schablone, das Papiermesser oder die Schere.
Als Unterlage eignet sich ein Stück fester Karton sehr gut.

3. Seidenpapier hinterkleben
Legen Sie das Seidenpapier auf einen Ausschnitt Ihrer Arbeit, und zeichnen Sie die Konturen mit etwas Randzugabe (zum Kleben) nach. Da sich eine Ausschnittfläche bei der Laterne zwei- bis zwölfmal wiederholen kann, ist es zeitsparend und arbeitserleichternd, wenn Sie das Seidenpapier in der entsprechenden Anzahl übereinanderlegen und in einem Arbeitsgang ausschneiden. Die Lagen werden vor dem Ausschneiden am Rand mittels eines Tackers fixiert (siehe Foto). Beim Kleben darauf achten,

daß nicht zuviel Klebstoff auf die Arbeit läuft.

Nicht so aufwendig ist das Hinterkleben eines Objektes, wenn nur eine Farbe verwendet wird. Dazu lediglich die Umrisse der Schablone auf das transparente Papier übertragen und ringsum etwa 0,5 bis 1 cm kleiner als das Original ausschneiden.

4. Laterne knicken

Sauber geknickte Kanten entstehen am besten, wenn Sie die dafür vorgesehenen Stellen einritzen. Dazu legt man das Lineal an die markierte Linie und fährt mit der stumpfen Seite des Bastelmessers, unter leichtem Druck, ein- bis zweimal daran entlang. Sind alle Kanten geritzt und anschließend geknickt, ist die Laterne fertig und kann zusammengeklebt werden.

Möchten Sie für Ihre Tischlaterne mehr Stabilität, fertigen Sie sich einfach einen Laternenboden an. Dafür in der Motivbreite eine Grundfläche mit etwa 1 cm breitem, überstehendem Kleberand ausschneiden. Die Linien der Grundfläche einritzen, den Klebefalz nach oben biegen und dann in die fertige Laterne kleben.

Wollen Sie das Motiv einer Tischlaterne dazu verwenden, um ein hinterklebtes Fensterbild herzustellen, sollten Sie dafür Tonpapier benutzen. Damit Ihre Arbeit von beiden Seiten gleich ansehnlich ist, wird das Tonpapier doppelt gelegt und ausgeschnitten. Die Tonpapierausschnitte einer Lage mit Seidenpapier füllen und das Gegenstück deckungsgleich aufkleben.

Schmetterlinge

leicht

Da dieses Motiv relativ schnell und einfach zu fertigen ist, schlage ich Ihnen vor, gleich mehrere davon herzustellen. Dazu gibt es auch eine passende Tischkarte.
Legen Sie die fertige Schablone auf den Tonkarton, und übertragen Sie die Konturen mit einem spitzen Bleistift. Dann zuerst die Schmetterlinge herausschneiden. Um die Fühler sichtbar zu machen, die Klinge ein zweites Mal ansetzen und einen schmalen Pappstreifen entfernen. Anschließend mit Seidenpapier hinterkleben und mit einem lilafarbenen und schwarzen Filzstift von hinten den Schmetterlingskörper, die Fühler und die Punkte aufmalen.

Teddybär

etwas aufwendig

Mit dem Messer die Ausschnitte des Teddy's entfernen und anschließend hinterkleben.
Für die plastisch wirkenden Bälle werden insgesamt 12 Kreise ausgeschnitten und in der Mitte geknickt. Jeweils sechs davon auf die seitlich vorhandenen Kreisflächen des Motivs anordnen und aufkleben.

HALLO

Vogel

etwas aufwendig

Erst beim Vogel, dann bei den Blättern vorsichtig, mit einem scharfen Messer, die Innenschnitte entfernen. Das Hinterkleben der vielen kleinen Flächen ist nicht so aufwendig, wenn Sie das Seidenpapier vor dem Ausschneiden in der benötigten Anzahl übereinanderlegen.

Narzissen

etwas aufwendig

Die Schablone viermal nebeneinander auf den Tonkarton übertragen. Anschließend die Ausschnitte mit Seidenpapier hinterkleben. Erleichtern Sie sich die Arbeit, und schneiden Sie den jeweils benötigten Seidenpapierausschnitt gleich viermal (vierlagig) zu.

Blumen

aufwendig

Ein wenig Mühe bereiten die Innenschnitte. Deshalb ist es wichtig, daß die Klinge des Messers immer scharf ist. Weil hier viele kleine Flächen einfarbig ausgefüllt werden müssen, denken Sie daran, das Seidenpapier gleich vierlagig auszuschneiden.

Tauben

leicht

Beginnen Sie mit den Innenschnitten. Sind Sie dann soweit, um mit dem Hinterkleben zu beginnen, legen Sie am besten gleich so viele Lagen Seidenpapier übereinander, wie Sie benötigen, um die jeweiligen Ausschnitte der Laterne zu füllen. Die Ausschnitte am Lampenboden sind für zwei Teelichter passend.

Weihnachtsbaum

aufwendig

Ein Motiv, das in jede Weihnachtsstube noch zusätzlich Atmosphäre zaubert.

Schneiden Sie zuerst mit einem scharfen Messer die Sterne heraus. Danach die Flächen um den Baum herum entfernen. Beim Herz beginnen Sie innen. Anschließend mit Seidenpapier hinterkleben.

Engel im Fenster

leicht

Bei diesem Objekt wird eine weiß getupfte Geschenkfolie zum Hinterkleben benutzt, um einen Schneehimmel als Hintergrund zu erhalten.

Das Besondere an dieser Laterne ist die Kombination mit Glanzbildern (Oblaten, Liebesmarken). Die in der Weihnachtszeit in Fachgeschäften erhältlichen Engelsmotive gibt es in verschiedenen Größen, und eine davon paßt genau in dieses Fenster.

Blume im Jugendstil
etwas aufwendig

Wer wie ich ein Liebhaber des Jugendstils ist, wird an dieser Laterne bestimmt seine Freude haben. Sie können dabei einmal versuchen, die Farben nach Ihrem Geschmack zu kombinieren. Bitte achten Sie bei der Herstellung der Schablone auf einen exakten Ausschnitt.

Hase

etwas aufwendig

Ein Ostermotiv, das auch den Geburtstagstisch von Kindern schmückt. Verfahren Sie bei der Herstellung nach der Anleitung von Seite 4.

Igel
leicht

Dieses Motiv ist schnell hergestellt, da keine aufwendigen Schnittarbeiten anfallen. Das Auge einfach mit einem schwarzen Filzstift aufmalen.

Buchsbaum

etwas aufwendig

Die Motive auf den Tonkarton übertragen und von innen beginnend die Flächen herausschneiden. Mit Hilfe einer Lochzange die Blütenmitten entfernen. Dann eine kleinere Lochstärke wählen und eine Blüte ausstanzen. Beim Ausschnitt des Zaunes ein Lineal verwenden.

Schwan

einfach

Entfernen Sie alle Innenflächen. Die dabei zurückgebliebenen Pappkreise des Innenschnittes können zur Herstellung der Schwäne dienen. Hinterklebt wird mit Architektenpapier. Schneiden Sie in einem Arbeitsgang vier Grundflächen aus, die etwa einen Zentimeter kleiner als das Original sind. Zum Schluß die Schwäne ankleben.

Kaffeekanne

etwas aufwendig

Eine Laterne mit Kaffeekanne dekoriert jeden Kaffeetisch.

Beginnen Sie beim Ausschneiden mit den Punkten auf der Kanne. Dafür und für alle anderen Schneidearbeiten ein scharfes Messer oder eine kleine, spitze Schere verwenden. Anschließend mit Seidenpapier hinterkleben.

Lotos
leicht

Lotosblüten und Regenbogenfarben geben dieser Tischlaterne, mit dreieckiger Grundform, ihren Reiz.
Die Punkte oberhalb der Blüten mit einer Lochzange ausstanzen. Der Ausschnitt auf dem Laternenboden ist für ein Teelicht passend. Durch die nach oben gebogenen Pappzacken sitzt die Kerze fest in der Öffnung und verrutscht nicht.

Renaissance-Haus
etwas aufwendig

Mit einem scharfen Messer die Ausschnitte entfernen. Nach Belieben mit weißem Architekten- oder buntem Seidenpapier hinterkleben. Legen Sie dafür die Schablone auf das transparente Papier, und umzeichnen Sie die äußeren Kanten mit einem Bleistift. Anschließend die Form etwas kleiner als es der Bleistiftstrich zeigt vierfach ausschneiden.

Baum
leicht

Ein leichtes Motiv, das schnell hergestellt ist. Beginnen Sie mit den Innenschnitten. Für alle anfallenden Schneidearbeiten können Sie ein Papiermesser oder eine kleine, spitze Schere benutzen.

Fachwerkhaus

aufwendig

Dieses Fachwerkhaus ist in seiner Herstellung zwar aufwendig, aber dekorativ. Die Vorlage viermal kopieren und nebeneinander auf den Tonkarton heften. Mit einem scharfen Messer ausschneiden.

Sterne

leicht

Diese Laterne ist im Nu fertig. Haben Sie erst einmal die Schablone viermal auf den Karton übertragen, ist der Ausschnitt mit einem scharfen Messer sehr schnell erledigt. Ein Motiv für die Weihnachtszeit.

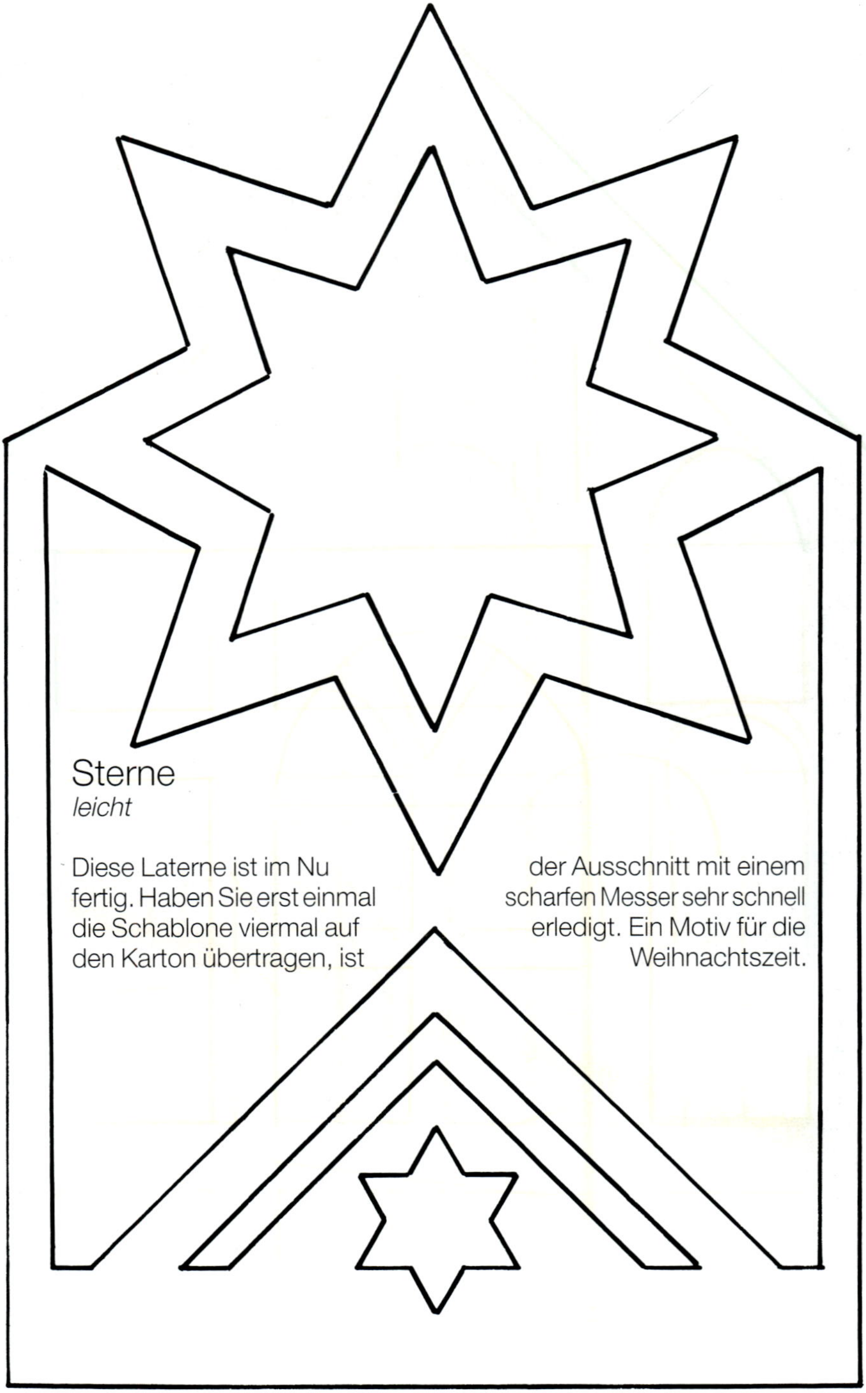

Fachwerkhäuser

einfach

Ob weiß oder braun, diese Häuser sind sehr dekorativ und trotzdem schnell hergestellt. Da dieses Motiv auch als Fensterbild besonders gut wirkt, empfehle ich Ihnen eine Deko-Kombination.